超級神奇的身體

蠢蠢欲動的屁

段張取藝　著／繪

超級神奇的身體

蠢蠢欲動的屁

2022年11月01日初版第一刷發行

著、繪者　段張取藝
主　　編　陳其衍
美術編輯　黃郁琇
發 行 人　若森稔雄
發 行 所　台灣東販股份有限公司
　　　　　＜地址＞台北市南京東路4段130號2F-1
　　　　　＜電話＞(02)2577-8878
　　　　　＜傳真＞(02)2577-8896
　　　　　＜網址＞http://www.tohan.com.tw
郵撥帳號　1405049-4
法律顧問　蕭雄淋律師
總 經 銷　聯合發行股份有限公司
　　　　　＜電話＞(02)2917-8022

本書簡體書名為《超级麻烦的身体 蠢蠢欲动的屁》原書號：978-7-
115-57461-9經四川文智立心傳媒有限公司代理，由人民郵電出版社
有限公司正式授權，同意經由台灣東販股份有限公司在香港、澳門特
別行政區、台灣地區、新加坡、馬來西亞發行中文繁體字版本。非經
書面同意，不得以任何形式任意重製、轉載。

放屁 **好麻煩**！

屁總是蠢蠢欲動，

不分場合，

想來就來。

可是，人也不能不放屁呀！

放屁進行時

不管在哪兒，一旦屁意上湧，大家都想痛痛快快地放個屁！

上廁所時

跳傘時

走路時

吃飯時

賞花時

泡澡時

堆多米諾骨牌時

游泳時

工作時

結婚宣誓時

乘坐電梯時

乘坐公車時

射箭時

穿著玩偶裝時

爬雪山時

曬日光浴時

「屁」林外傳

放屁「三十六計」，計計有高招！

金蟬脫殼
（快速離開原來的地方）

瞞天過海
（小心翼翼地
放一個無聲屁）

渾水摸魚
（用力跺腳，揚起灰塵）

驅虎吞狼
（用扇子把屁味扇走）

晴天霹靂
（屁聲如雷，震耳欲聾）

排山倒海
（連續放響屁）

呆若木雞
（凝視他人，假裝與自己無關）

展翅高飛
（假裝自己是鳥，
一屁沖天）

聲東擊西
（轉移別人的注意力，
然後偷偷放屁）

李代桃僵
（在別人放屁後再放屁）

掩人耳目
（把周圍人的鼻子堵住）

倒打一耙
（栽贓給別人）

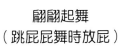

翩翩起舞
（跳屁屁舞時放屁）

苦肉計
（寧可臭自己，
不能臭別人）

三十六計，走為上計
（邊溜邊放屁）

屁從哪裡來？

人每天都會放屁，但這些屁可不是憑空出現在我們的身體裡的，它們究竟是從哪兒來的呢？

空氣
空氣是構成屁的主要成分，說話、打哈欠這些需要張開嘴的動作，都會讓我們吞入空氣。

腸道廢氣
食物進入腸道後，腸道裡的細菌在幫助消化食物時，會產生一部分廢氣。

屁屁火山

腸道廢氣和空氣混合起來，就成了屁。

9

誰來組成屁？

　　屁的成分很複雜，其中絕大部分都是無色無味的氣體，大約占屁總量的99%。

二氧化碳
空氣中常見的氣體，是導致溫室效應的元凶。

氧氣
一種常見的氣體，作用於我們生活的各個方面，比如供給呼吸、輔助燃燒等。

氮氣
大氣中存在最多的氣體，在常溫下很穩定。

氧氣雖然看不見、摸不著，但是不可或缺！

臭屁與響屁

屁有時很臭，有時很響，偶爾還會又臭又響。其實，這些差異與我們吃的食物息息相關。

臭屁的聲音通常比較小，傷人於無形之中。

雞蛋、肉這些富含蛋白質的食物，在肚子裡消化後會產生帶著臭味的氣體，這樣放出來的屁就是臭屁。

洋蔥雖然屬於蔬菜，但是因為容易代謝產生硫化物和二氧化碳，所以吃了以後會放臭屁。

大多數牛奶中含有乳糖。但有的人體內先天缺乏消化乳糖的乳糖酶，導致進入腸道的乳糖不能被完全消化吸收，而是被腸道微生物發酵，產生大量氣體，造成腹脹、放臭屁。

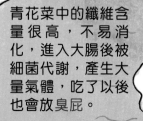

青花菜中的纖維含量很高，不易消化，進入大腸後被細菌代謝，產生大量氣體，吃了以後也會放臭屁。

大豆、番薯等食物富含纖維素，會在肚子裡產生更多的氣體，所以放出來的屁就是響屁。

一次吃得太多或吃得太快，都會讓腸胃來不及消化吸收，食物堆積在身體裡，產生大量的氣體，從而不停地放響屁。

從另一個角度來說，一個人體形越大，吃得就可能越多、越快，那麼屁也就可能越多、越響。

碳酸飲料中含有大量的二氧化碳，會導致肚子脹氣，然後放很多的響屁。

如果你的屁兼具了「臭」與「響」，那多半是消化系統出了點兒小問題。對於正常人來說，只要合理膳食，葷素搭配，放出來的屁不會太響，臭的程度也可以接受。

13

出現這兩種情況的時候，要趕緊告訴爸爸媽媽，千萬不能大意！

腥臭味
趕快去檢查一下，看看便便裡有沒有血！這可能是消化道出血啦！

下水道的臭味
一股臭水溝的味道，可能還會伴有惡臭，這很可能是腸道發生細菌感染了！

吃了蘿蔔，放屁又多又臭！

蘿蔔屁雖然不好聞，但蘿蔔可是通便的好幫手！

噗——

有屁要快放

對很多人來說，當眾放屁是一件很害羞的事情。有時我們不得不把屁憋回去，這些憋回去的屁最後到哪兒去了呢？

憋屁的第一分鐘
肛門括約肌收縮，屁不能正常排出。

12:00

憋屁的第三分鐘
屁重新回到腸道，被腸壁吸收然後進入血液，屁意消失。

12:03

憋屁的半小時後
屁透過血液循環來到了肝臟和腎臟。

12:30

憋屁的一小時後
一部分屁隨著尿液排出體外。

13:00

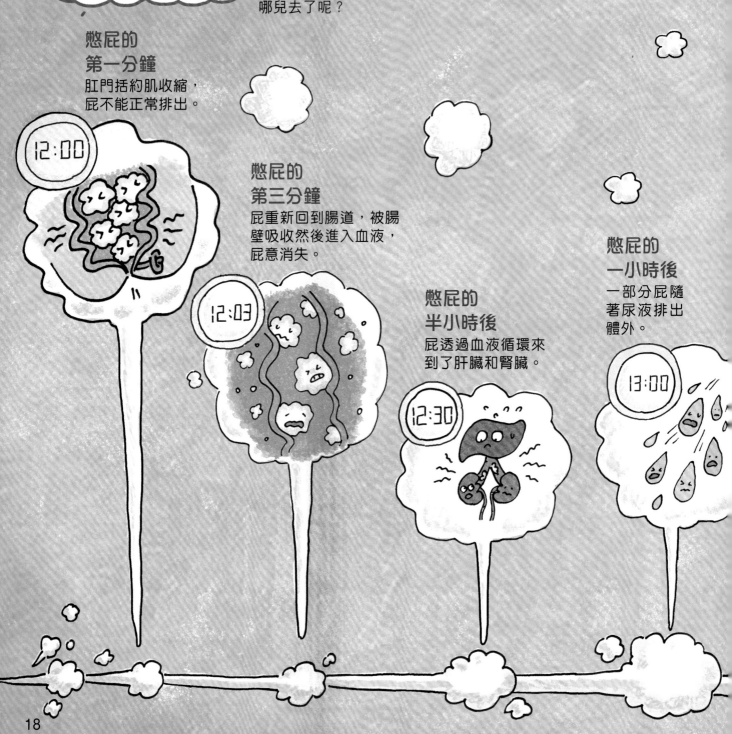

好屁養成計畫

屁與我們的身體健康直接掛鉤，只有養成良好的生活習慣，我們才能放出健康的屁。

飲食

合理飲食是保持健康非常重要的環節。早飯吃好，午飯吃飽，晚飯吃少，這樣才能給腸胃留出充足的休息時間。

吃香蕉、蘋果這些常見的水果，有助於放屁！

吃東西時不說話，避免吞入過多空氣。

喝一碗熱氣騰騰的番薯紅豆粥，也有助於放屁喲！

保持身體水分充足，無論是放屁還是便便，都可以事半功倍！

聽自己喜歡的音樂。

找好朋友聊聊天。

娛樂
適當的娛樂是不可或缺的，保持心情愉快，能減少腸道裡的有害氣體。

看一本有趣的漫畫書。

登山會促進腸胃蠕動，有助於身體排出淤氣。

看來，想放出一個健康的屁，還需要吃喝玩樂樣樣精通呢！

23

25

古今「屁」事知多少

諂媚的屁
古時候，英國國王有一個叫做羅蘭的寵臣，他每年都會在耶誕節宴會上獻舞，並以一個響屁作為結尾，總能逗得全場哈哈大笑。

體貼的放屁令
古羅馬皇帝擔心人們因為面子問題不敢當眾放屁，會影響他們的健康，特意下令允許公民在用餐時放屁。

屁來治瘟疫
瘟疫期間，倫敦人認為強烈的氣味能夠淨化空氣，所以他們在出門時會隨身攜帶裝滿了屁的「屁罐」。

屁令恐龍滅絕
科學家猜測，恐龍消失可能是因為牠們食量驚人，放屁太多，從而導致全球氣溫升高，最終牠們適應不了過於炎熱的天氣而滅絕了。

出名的放屁法律

位於非洲的馬拉威共和國禁止所有人在公共場合放屁。這條奇葩的法律頒布後，馬拉威共和國的知名度直線飆升，直接拉動了當地旅遊業的發展。

有益的屁

科學家研究發現，吸入少量屁裡含有的硫化氫物質，有降低血壓、延緩衰老的作用。

屁讓法老下臺

古埃及有一個將軍反抗法老的統治，還讓使者給法老帶去了一個屁。法老非常生氣，雙方因此開戰。最終，法老失去了他的王位。

放屁也是門生意

古往今來，用屁謀生的人可不在少數呢！

明治維新時期的日本，出現了不少職業放屁人。在落櫻時節，他們身穿開襠褲，輪番用屁去噴下落的花瓣，好讓花瓣長時間停留在空中，供人觀賞。

屁是我放的！

古代日本還有一個叫做屁負比丘尼的職業，專門代替貴族承認放屁，以維護貴族的顏面。

在法國，有一個叫約瑟夫‧普耶爾的人，他偶然發現自己有控制放屁的能力。於是，他透過放屁「唱歌」、表演情境劇，用屁來吹奏長笛、滅火等，還在法國當時著名的歌舞表演廳進行放屁表演。

聞屁師有靈敏的嗅覺，能辨別出氣味細微的差異，可以透過聞患者屁的味道，來判斷他們的身體狀況。

動物們的「屁」事兒

不光人類會放屁，許多動物也會放屁，它們可是有著「獨門祕笈」的放屁高手！

鯨在水裡放屁形成的氣泡，有的甚至大到能容納一匹馬。

有的魚如果吞嚥了過多的空氣，就會排出一串小氣泡，像放屁一樣。

海牛是食草動物，腸道裡常常積累大量的屁，不過這些屁並不影響牠們潛水。

牛的屁裡有大量的甲烷，而甲烷是構成溫室氣體的氣體之一。牛所釋放的甲烷占全球溫室氣體的18%。

臭鼬的「臭屁」非常出名，但實際上，它們放的不是真正意義上的屁，而是肛門腺分泌的臭液，這種臭液噴進眼睛裡可以讓敵人暫時失明。

有的蛇可以透過調動肌肉模擬出很響的屁聲，讓敵人以為這裡潛伏著大型動物，從而避免被攻擊。

樹懶總是懶懶的，放屁頻率並不高。

看來，無論是人類還是動物，放屁都是生活中不可缺少的一件事呢！

小遊戲

在圖書館看書時，突然想放屁了，這時你該怎麼辦呢？

放出來

憋住不放

中午吃了喜歡的豌豆和番薯，吃完沒多久突然來了屁意，但被同學叫去買汽水喝。

先放屁

先憋著

中午到食堂吃飯，發現今天的肉看起來都特別好吃，大吃特吃一頓？

是　　否

和同學去操場運動了一下後，腸胃蠕動加快，屁意再次來襲。

放出來　　再憋一會兒

吃完飯回教室休息了一下，同學叫你去操場玩。

去玩

不去

去超市喝下了一大杯汽水，屁意突然變得更強烈了。

放出來　再憋一會兒

暢快無比！

因為吃了太多造氣食物，沒想到放出了一個連環大響屁。

到上課時屁意再次來襲，但同學們都在認真聽課。直接放出來？

放出來

再憋一會兒

因為中午肉吃得太多，放出了超級臭的屁。

隨著憋的時間變長，屁意開始消失，漸漸忘記想放屁的事情。

因為屁憋了太久，有毒氣體被腸道重新吸收，部分屁從口鼻排了出來。

小遊戲

試試將下面這些氣味的屁與它們對應的情況連線。

1 無味

2 臭雞蛋味

3 硫黃味

4 糞臭味

5 腥臭味

6 臭水溝味

A.肉吃得太多啦！

B.腸道發生細菌感染了。

C.身體較為健康。

D.消化道可能出血了。

E.身體很健康喲！

F.身體消化食物有點兒慢。

答案：1.C 2.F 3.E 4.A 5.D 6.B

34

下面哪些氣體是屁的組成成分呢？請你把它們全部圈出來吧！

臭氧

氯氣

硫化氫

二氧化硫

一氧化碳

二氧化碳

磷化氫

氨氣

乙烷

氫氣

氟氣

氦氣

氮氣

氧氣

糞臭素

甲烷

作者介紹

 成立於2011年，扎根童書領域多年，致力於用優秀的專業能力和豐富的想像力打造精品圖書，已出版300多本少兒圖書。主要作品有《逗逗鎮的成語故事》、《古代人的一天》、《西遊漫遊記》、《拼音真好玩》、《文言文太容易啦》等系列圖書，版權輸出至多個國家和地區。其中，《皇帝的一天》入選「中國小學生分級閱讀書目」（2020年版），《森林裡的小火車》入選中國圖書評論學會「2015中國好書」。

主創團隊

段穎婷
張卓明
陳依雪
韋秀燕
肖　嘯
王　黎

審讀

張緒文　義大利特倫托大學生物醫學博士
朱思瑩　首都醫科大學附屬北京友誼醫院消化內科醫師
李　鑫　首都醫科大學附屬北京天壇醫院消化內科副主任醫師
楊　毅　科普作家、自然博物課程指導老師、野生動物攝影師